Toni Börner

Governance-Strukturen in den Favelas von Rio de Janeiro

Hilfe zur Selbsthilfe in städtischen Marginalsiedlungen

GRIN Verlag

Bibliografische Information der Deutschen Nationalbibliothek:

Die Deutsche Bibliothek verzeichnet diese Publikation in der Deutschen National-
bibliografie; detaillierte bibliografische Daten sind im Internet über http://dnb.d-
nb.de/ abrufbar.

Impressum:

Copyright © 2008 GRIN Verlag GmbH
Druck und Bindung: Books on Demand GmbH, Norderstedt Germany
ISBN: 978-3-640-25223-7

Dieses Buch bei GRIN:

http://www.grin.com/de/e-book/121164/governance-strukturen-in-den-favelas-von-
rio-de-janeiro

Ruprecht-Karls-Universität Heidelberg

Geographisches Institut

Wintersemester 2008/09

Hauptseminar Governance in marginalisierten Stadträumen

Verfasser: Toni Börner

Hausarbeit zum Thema:

Governance-Strukturen in den Favelas

von Rio de Janeiro

Hilfe zur Selbsthilfe in städtischen Marginalsiedlungen

Studienfächer und Semesterzahl im WS 08/09

Geschichte (11. Fachsemester)

Politische Wissenschaft (9. Fachsemester)

Geographie (6. Fachsemester)

Abschlussziel: Staatsexamen

Inhaltsverzeichnis

1.	Einleitung	S. 3
2.	Das *Governance*-Verständnis: Hilfe zur Selbsthilfe	S. 5
3.	Ursachen und Folgen der Überurbanisierung	S. 7
4.	Definition von Favelas – Eine Stadt in der Stadt	S. 9
5.	Regieren in Favelas	S. 14
5. 1.	Klientelismus und Misstrauen gegen den Staat	S. 14
5. 2.	Regieren durch Community	S. 15
6.	Das Favela-Bairro-Programm	S. 16
6. 1.	Das Bauhaus Dessau in der Jacarezinho	S. 17
6. 2.	Bewertung des Favela-Bairro-Programms	S. 18
7.	Das KIBRA-Projekt	S. 19
7. 1.	Die KIBRA-Methode	S. 20
7. 2.	Das Projekt in der Rocinha	S. 21
7. 3.	Das Projekt in Santa Teresa	S. 21
7. 4.	Bewertung des Projekts	S. 22
8.	Zusammenfassung	S. 23
9.	Literaturverzeichnis	S. 24

Abbildungs- und Tabellenverzeichnis

Tabelle 1:	Megastädte der Erde, Stand 2008	S. 8
Abbildung 1:	Favela in Rio in typischer Hanglage	S. 11
Abbildung 2:	unterschiedliche Bausubstanz einer Favela in Rio	S. 13
Abbildung 3:	*celula urbana* in der Jacarezinho	S. 18
Abbildung 4:	Dr. Lehmann mit Kindern beim Zahnputztraining	S. 20

1.   Einleitung

Spätestens seit Mike Davis´ Planet der Slums wissen wir, dass heutzutage erstmals in der Geschichte der Menschheit mehr Menschen in Städten als auf dem Land leben. Der Verstädterungsprozess hat dabei eine kaum vorstellbare Eigendynamik gewonnen, die anhand einiger Zahlen vielleicht besser zu greifen ist: Heute leben etwa 3,2 Milliarden Menschen weltweit in Städten. Das sind mehr Menschen, als 1960 auf der ganzen Erde gelebt haben (Vgl. Davis 2007 S. 7). Von 1950 bis Anfang der 1990er Jahre wuchs die städtische Bevölkerung in den Entwicklungs- und Schwellenländern um jährlich etwa 3 – 4 %, von ca. 350 Millionen auf ca. 1,3 Milliarden, während sie um die Jahrtausendwende bereits bei etwa 2 Milliarden lag (Vgl. Dietz 1998 S. 1). In den nächsten 30 Jahren, so die Prognosen der UN, wird sich die Stadtbevölkerung in den Entwicklungsländern von 2 auf 4 Milliarden Menschen verdoppeln, so dass dann insgesamt etwa 2/3 der Weltbevölkerung in Städten leben wird (Vgl. Cramer/Schmitz 2004 S. 12). Während es 1950 weltweit 85 Städte mit einer Bevölkerung von über einer Million Menschen gab, so waren es im Jahr 2000 ca. 400 und bis 2015 wird diese Zahl wohl auf etwa 550 weiter ansteigen (Vgl. Davis 2007 S. 7). Die Stadtbevölkerung von China, Indien und Brasilien entspricht schon heute der Gesamteinwohnerzahl von Europa und Nordamerika (Vgl. ebd. S. 8).

Die Liste mit diesen beeindruckenden und gleichzeitig erschreckenden Zahlen ließe sich beliebig fortsetzen, jedoch wird es hier dabei belassen, darauf hinzuweisen, dass dieses explosive Wachstum vor allem ein Problem der Entwicklungs- und Schwellenländer ist, während die Industrienationen diese Prozesse im Großen und Ganzen abgeschlossen haben und nur noch ein kleines Bevölkerungswachstum (sofern überhaupt noch) und auch nur einen geringen Wechsel zwischen Stadt- und Landbevölkerung zu verzeichnen haben.

Die städtische Bevölkerung der Entwicklungsländer wächst jedoch rasant und um ein Vielfaches schneller als die Landbevölkerung. Außerdem ist dieses Wachstum mit nichts in der bisherigen Weltgeschichte zu vergleichen. Zwar wuchs auch im Europa der Industrialisierung die Stadtbevölkerung rasant an, aber die Dynamik, die dieses Wachstum heutzutage besitzt, wurde im 18. und 19. Jahrhundert nie erreicht. Folgen dieses Wachstums sind neben vielen anderen eine Vergrößerung der Armut in den betroffenen Städten sowie ein unkontrolliertes und kaum kontrollierbares Wachstum dieser Metropolen. Besonders stark betroffen von dieser Entwicklung sind die sogenannten Megastädte mit einer Bevölkerung von mehr als 8 Millionen und die Hyperstädte mit mehr als 20 Millionen

Einwohnern (Vgl. ebd.). Ein großer Teil der Bevölkerung dieser Städte lebt in sogenannten Marginal- oder informellen Siedlungen. Diese Siedlungen und die Art und Weise wie sie regiert werden bzw. wie sie sich selbst verwalten, werden im Folgenden im Zentrum der Betrachtung stehen.

Im speziellen Interesse stehen dabei die Favelas von Rio de Janeiro, in denen etwa ein Fünftel bis ein Drittel der Stadtbevölkerung lebt (Vgl. Lanz 2007 S. 191). Welche Projekte gibt es in den Favelas in Rio? Wer sind die beteiligten Akteure und wie sieht die Umsetzung der Projekte aus. Der dabei verfolgte Ansatz ist einerseits akteurszentriert, das heißt er schaut auf die beteiligten Akteure, auf ihre Zielsetzungen und ihre Möglichkeiten. Andererseits ist er aber auch projektbezogen. Es wird also analysiert, wie diese Akteure in den entsprechenden Projekten ihre Mittel einsetzen und inwieweit diese Projekte dazu taugen, etwas am Status quo zu ändern.

Grundlage für die Betrachtung ist dabei der *Governance*-Ansatz, der in einem ersten Kapitel vorgestellt und auf die Fragestellung im Sinne der Hilfe zur Selbsthilfe angepasst wird. Anschließend wird kurz der Verstädterungstrend mit der Tendenz zur Überurbanisierung, wie er bereits angesprochen wurde, weiter vertieft. In einem weiteren Kapitel wird auf die Favelas von Rio de Janeiro im Allgemeinen eingegangen, bevor dann der Frage nachgegangen wird, wie ein Regieren in den Favelas überhaupt möglich ist. Anschließend wird das Favela-Bairro-Programm vorgestellt, in welchem versucht wird, durch Sanierungsmaßnahmen die Favelas aufzuwerten und in reguläre Wohnsiedlungen zu verwandeln. Dabei steht besonders das Projekt des Bauhauses Dessau im Vordergrund. Ein Projekt ganz anderer Natur steht danach im Mittelpunkt der Betrachtung. Die Kinderzahnhilfe Brasilien, ein Projekt deutscher Zahnärzte, welches den Favelados eine zahnmedizinische Versorgung ermöglicht, wird vorgestellt und auf seine Wirksamkeit hin überprüft. Abschließend werden die Ergebnisse zusammengefasst.

Für das *Governance*-Verständnis dieser Arbeit waren maßgeblich der Artikel von Mayntz (2004) sowie im Hinblick auf das Selbsthilfekonzept die Dissertation von Dietz (1998), die auch im Weiteren als wichtige Grundlage für das Verständnis der Favelas gedient hat. Ebenfalls essentiell für die Definition von Favelas war die Dissertation von Pfeiffer (1987). Der Artikel von Lanz (2007) war besonders für die Art und Weise, wie das Regieren in den Favelas funktioniert, eine Stütze. Weitere Arbeiten von Dietz (2001; 2002) sowie das Werk von Blum und Neitzke (2004) dienten zur Herausarbeitung des Favela-Bairro-Programms.

2. Das *Governance*-Verständnis: Hilfe zur Selbsthilfe

In der Forschung existiert eine ganze Reihe unterschiedlicher *Governance*-Begriffe. Welchen dieser Begriffsverständnisse man letztendlich seinen Untersuchungen zu Grunde legt, hängt davon ab, in welchem Umfeld diese Analysen angesiedelt sind. Betrachtungen über *Governance*-Strukturen in westlichen Industrienationen haben ein ganz anderes Verständnis als Untersuchungen in postkommunistischen oder postkolonialen Staaten. Einfluss hat ebenfalls, ob es sich bei der Betrachtung um einen *weak* oder *failed state* handelt oder ob man es mit einem starken Staat zu tun hat. Betrachtet man den Begriff ganz allgemein, so kann man mit Mayntz zu dem Schluss kommen, dass *Governance* Herrschaftsstrukturen ohne übergeordnete Instanzen beschreibt und somit alle

„nebeneinander bestehenden Formen der kollektiven Regelung gesellschaftlicher Sachverhalte: von der institutionalisierten zivilgesellschaftlichen Selbstregelung über verschiedene Formen des Zusammenwirkens staatlicher und privater Akteure bis hin zu hoheitlichem Handeln staatlicher Akteure" (zit. Mayntz 2004).

Der Staat erscheint hier nicht als einheitlicher Akteur, sondern als ein durch Hierarchien miteinander verbundenes Geflecht von Behörden, Ämtern und Beamten, eben staatlichen Akteuren. Dieser *Governance*-Begriff besitzt bei Mayntz darüber hinaus eine Doppelnatur, da sich die Formen der kollektiven Regelung sowohl auf die regelnden Strukturen an sich als auch auf die Prozesse der Regelung beziehen.

Eine engere Begriffsvariante sieht *Governance* hingegen als Gegenmodell zum klassischen *Government*, bei dem der Staat als unitarischer Akteur hierarchisch steuert. In diesem Verständnis wird *Governance* als Mitwirkung zivilgesellschaftlicher Akteure am politischen und gesellschaftlichen Gestaltungsprozess verstanden. In diesem normativen Verständnis entwickelte sich dann der Begriff *good Governance*, den Weltbank und Industriestaaten häufig als maßgeblich für ihre Kreditvergabe ansehen. *Good Governance* beschreibt dabei eine effiziente, rechtsstaatliche und bürgernahe Verwaltungspraxis als Voraussetzung für stabiles Wirtschaftswachstum (Vgl. ebd.).

Im Rahmen dieser Arbeit wird ein Mittelweg zwischen beiden *Governance*-Verständnissen gegangen. *Governance* soll hier verstanden werden als eine Möglichkeit, wie sich die Betroffenen in den Elendsvierteln von Rio de Janeiro helfen können, auch ohne zwingende Regelung seitens des Staates. Der Staat kann also, muss aber nicht in die Projekte miteinbezogen sein. Die gesellschaftliche Mitwirkung an der Lösung oder zumindest Minderung der Probleme ist dabei allerdings nicht zwingend in Form von *good Governance* zu verstehen. *Good Governance* bezeichnet den verantwortungsvollen Umgang des Staates mit öffentlichen Ressourcen und politischer Macht und dem Zusammenwirken von Staat, Markt und zivilgesellschaftlichen Akteuren zur Schaffung von Rahmenbedingungen, die die Entwicklung fördern können (Vgl. Coly/Breckner 2004 S. 3). In den Favelas von Rio kann allerdings nicht von *good Governance* die Rede sein, da der Staat organisatorisch und fachlich häufig nicht in der Lage ist, den vielfachen Problemen in den Favelas wie Wohnungsnot, Infrastrukturausbau oder ausufernder Kriminalität zu begegnen, sondern lokale zivilgesellschaftliche Akteure und/oder Nichtregierungsorganisationen (NROs) in dieses Vakuum vorrücken. Es handelt sich also teilweise nicht um bewusst gesteuerte Prozesse oder den verantwortungsvollen Umgang mit Ressourcen seitens der Regierung, sondern um Prozesse, die aus der Gesellschaft heraus entstehen. Am ehesten lässt sich *good Governance* noch im später vorgestellten Favela-Bairro-Programm erkennen, in dem der Staat, in diesem Fall die städtische Wohnungsbaubehörde, versucht, Rahmenbedingungen für eine positive Entwicklung zu schaffen. Häufig werden jedoch durch die vorgestellten Konzepte keine richtigen Rahmenbedingungen geschaffen, sondern die Projekte, um die es geht, laborieren im Kleinen, ohne wirklich das Grundproblem lösen zu können.

Dieser zweite Ansatz lässt sich am ehesten fassen durch den Begriff Hilfe zur Selbsthilfe. Der Begriff der Selbsthilfe hat sich seit der HABITAT-Konferenz von Vancouver 1976 langsam durchgesetzt und betont die Selbsthilfepotentiale der Bewohner von marginalisierten Stadtteilen. Vordergründig bezeichnete der Begriff die Potentiale zum Wohnungsbau durch die Slumbewohner selbst (Vgl. Dietz 1998 S. 3). Die Weltbank unterstützte diesen Ansatz anfangs mit Krediten. Allerdings haben sich ihre Kreditvergaberichtlinien – *affordability*, also Erreichbarkeit des Projekts, *cost recovery*, die Refinanzierung des Projekts durch die Zielgruppe selbst und *replicability*, die Wiederholbarkeit des Projekts – als zu unrealistisch erwiesen, so dass sie sich in den 1980er Jahren aus diesem Engagement zurückzog. Da sich die Verstädterungstendenzen jedoch weiterhin verstärkten und damit die Probleme in den Elendsvierteln der Entwicklungsländer ebenso, wurde im Jahre 1986 von der Weltbank das *Urban Management Programme* (UMP) geschaffen. Die Betonung lag dabei auf Dezentralisierung, der Stärkung der Gemeindeverwaltung, der Verbesserung der Infrastruktur, dem Umweltschutz und der Reduzierung städtischer Armut. Fast gleichzeitig wurde die *Enabling*-Strategie seitens der Vereinten Nationen empfohlen. Dabei besteht die Aufgabe staatlicher Akteure darin, den Zugang der Betroffenen zu benötigten Ressourcen sicherzustellen und sie somit zu eigenständiger Quartiersentwicklung zu befähigen. Diese Abkehr von staatlicher Fremdversorgung hin zur Förderung von lokalen Ideen und Initiativen markiert den Übergang zu Selbsthilfekonzepten und Bürgerbeteiligungen. Anstelle zentral verwalteter und standardisierter Projekte mit beschränkten Partizipationsmöglichkeiten traten dezentrale, partizipatorische Vorhaben, die auch von Privatpersonen oder NROs vertreten werden konnten (Vgl. Dietz 1998 S. 4f). Somit hat sich auch hier der Akteurskreis im Sinne des *Governance*-Verständnisses erweitert. Dieser erweiterte *Governance*-Begriff im Geiste der Selbsthilfe liegt dieser Arbeit zu Grunde. Die Hauptakteure bei Entwicklungen in den informellen Siedlungen sind nicht zwingend staatlich, sondern häufig die Bewohner selbst. Dieses Potential, welches in diesen Siedlungen besteht, muss dann genutzt werden, um eine umweltgerechte und halbwegs lebenswerte Umgebung zu schaffen, an die sich weitere Entwicklung anschließen kann.

3. Ursachen und Folgen der Überurbanisierung

Bereits angesprochen wurde das Ausmaß der Verstädterungstendenzen in den Entwicklungs- und Schwellenländern. Die wesentlichen Ursachen für diese Tendenzen sind – kurz zusammengefasst – die vermeintlichen Standortvorteile von Städten, damit verbunden die Land-Stadt-Migration, internes Bevölkerungswachstum und die Konzentration staatlicher Ausgaben auf die Städte (Vgl. Dietz 1998 S. 1). Laut Cramer/Schmitz hat das Eigenwachstum der Städte mittlerweile größeren Einfluss auf die Gesamtbevölkerungszahl als die Zuwanderung (2004 S. 12).

Das enorme Wachstum dieser Städte birgt mehrere Gefahren und Probleme. Während sich in den Industriestaaten die Städte langsamer entwickelt haben und somit heute komplexe und meist ausgewogene Sozialsysteme darstellen, konzentriert sich das Städtewachstum in den weniger industrialisierten Staaten häufig auf wenige Kernräume, den schon angesprochenen Megastädten (Vgl. Cramer/Schmitz 2004 S. 13). Davon gibt es derzeit etwa 26 auf der Erde. Ein Blick in Tabelle 1 dieser Arbeit zeigt, dass sich die meisten dieser Megacities in wenig entwickelten Ländern, vor allem im asiatischen Raum befinden, während es in den Industriestaaten nur eine Handvoll von ihnen gibt.

Tabelle 1: Megastädte der Erde, Stand 2008

Rang	Stadt/Großraum	Staat	Einwohnerzahl	Bemerkungen
1	Tokyo	Japan	33.800.000	inkl. Yokohama, Kawasaki, Saitama
2	Seoul	Süd-Korea	23.800.000	inkl. Bucheon, Goyang, Incheon, Seongnam, Suweon
3	Mexiko Stadt	Mexiko	22.800.000	inkl. Nezahualcóyotl, Ecatepec, Naucalpan
4	Delhi	Indien	22.200.000	inkl. Faridabad, Ghaziabad
5	Mumbai	Indien	22.200.000	inkl. Bhiwandi, Kalyan, Thane, Ulhasnagar
6	New York	USA	21.900.000	inkl. Newark, Paterson
7	São Paulo	Brasilien	20.900.000	inkl. Guarulhos
8	Manila	Philippinen	19.000.000	inkl. Kalookan, Quezon City
9	Los Angeles	USA	18.000.000	inkl. Riverside, Anaheim
10	Shanghai	China	17.900.000	
11	Osaka	Japan	16.700.000	inkl. Kobe, Kyoto
12	Kalkutta	Indien	16.000.000	inkl. Haora
13	Karatschi	Pakistan	15.600.000	
14	Guangzhou	China	15.200.000	inkl. Foshan
15	Jakarta	Indonesien	15.100.000	inkl. Bekasi, Bogor, Depok, Tangerang
16	Kairo	Ägypten	14.700.000	inkl. Al-Jizah, Hulwan, Shubra al-Khaymah
17	Buenos Aires	Argentinien	13.800.000	inkl. San Justo, La Plata
18	Moskau	Russland	13.500.000	
19	Peking	China	13.100.000	
20	Dakka	Bangladesch	13.000.000	
21	Istanbul	Türkei	12.400.000	
22	Rio de Janeiro	Brasilien	12.400.000	inkl. Nova Iguaçu, São Gonçalo
23	Teheran	Iran	12.400.000	inkl. Karaj
24	London	Großbritannien	12.300.000	
25	Lagos	Nigeria	11.300.000	
26	Paris	Frankreich	10.000.000	

Quelle: eigene Darstellung nach Daten von: http://www.citypopulation.de/world/Agglomerations_d.html

Aus dieser Konzentrierungstendenz der Migration auf engstem Raum ergibt sich eine Reihe von Problemen:

- städtische Armut: zwar sind die Einkommen tendenziell höher als auf dem Land, allerdings sind es auch die Lebenserhaltungskosten. Über ein Drittel der städtischen Bevölkerung von Entwicklungsländern gilt als arm und kämpft ums Überleben.

- Wohnungsnot: das enorme Wachstum der Städte führt zu hohen Obdachlosenzahlen und zur Überbelegung von Wohnvierteln in den informellen Siedlungen, in denen häufig mehr Personen in einer Hütte wohnen als in Deutschland in einem Mehrfamilienhaus.
- wachsender Bedarf an Dienstleistungen und Infrastruktur: Der Ausbau der Infrastruktur und des Dienstleistungssektors kann in den rasant wachsenden Städten nicht mit dem Bedarf Schritt halten. Daher kommt es vor allem, aber nicht nur, in den Gebieten mit meist armer Bevölkerung zu Ver- und Entsorgungsdefiziten.
- Umweltverschmutzung: durch die Überstädterung kommt es zu einem gravierenden Einfluss auf die Ökosysteme, was eine nachhaltige Entwicklung langfristig gefährdet. Außerdem steigt der Wasserverbrauch, das Verkehrsaufkommen und es fällt mehr Abfall an als entsorgt werden kann.
- Kriminalität: durch die Überbevölkerung, die enorme Armut und die Zusammenballung dieser Probleme auf engstem Raum kommt es vermehrt zu Kriminalität und Gewalt.
- ungleiche räumliche Entwicklung: während Teile der Metropolen in die Weltwirtschaft integriert sind und einen großen Teil des Bruttosozialprodukts der Entwicklungsländer erwirtschaften, werden andere Teile dieser Städte, vor allem die Marginalsiedlungen, aber auch andere Provinzstädte und die ländlichen Regionen von staatlichen Investitionen vernachlässigt.

(nach: Dietz 1998 S. 1f)

4. Definition von Favelas – Eine Stadt in der Stadt

Gerade die Städte in Entwicklungs- und Schwellenländern haben diesem unkontrollierten Wachstum kaum etwas entgegenzusetzen. So entstehen dann in diesen Städten die Marginalsiedlungen, in denen häufig ein Großteil der Bevölkerung lebt. In nahezu jeder größeren Stadt gibt es sie und sie haben mannigfaltige Namen: Townships, Slums, Gecekondu, Villas miserias, Pueblos jovenes oder Favelas. Meist haben diese regional spezifischen Marginalsiedlungen auch eigene Charakteristika. Im Folgenden wird kurz auf die speziellen Charakteristika der brasilianischen Favelas eingegangen und der Versuch einer Definition unternommen.

Der Name *Favela* leitet sich von einer Kletterpflanze ab, die bei Berührung schmerzhafte Verbrennungen verursacht. Der Begriff als Bezeichnung für Marginalsiedlungen entstand in Rio de Janeiro im ausgehenden 19. Jahrhundert, als brasilianische Söldner nach einem Krieg die Hüttensiedlung *Morro da Favela* auf einer Anhöhe gegenüber des Kriegsministeriums errichteten, um ihren Forderungen nach Arbeit und Wohnraum Nachdruck zu verleihen. Schon kurze Zeit später breitete sich der *Favela*-Begriff aus und bezeichnete alle illegalen Siedlungen, die auf Anhöhen und später auch auf ebenem Gebiet entstanden (Vgl. Dietz 1998 S. 96). Als 1906 das Stadtzentrum von Rio modernisiert und dadurch massenhaft preiswerter Wohnraum vernichtet wurde, zogen die armen Bevölkerungsschichten auf die Hügel (*morros*), die sich quer durch das Stadtgebiet von Rio ziehen, was den Beginn des für Rio charakteristischen Favela-Wachstums entlang der Hänge markiert (Vergleich dazu Abbildung 1 dieser Arbeit, die verdeutlicht, wie die Favelas die Hänge empor klettern).

Nach dem Bauordnungsrecht von Rio aus dem Jahr 1937 wird eine Favela definiert als *„die Ansammlung von zwei oder mehr Hütten (...), die mit ungeeignetem Material [illegal](...) gebaut wurden"* (zit. n. Barreto 1981 S. 8).

Favelas kennzeichnen sich also zum Einen durch ihren rechtlichen Status als illegale oder zumindest informelle Siedlungen aus, zum Anderen dadurch, dass das verwendete Material zum Wohnungsbau eigentlich ungeeignet ist. Allerdings bedarf es einer Erweiterung dieser Charakterisierung, da es auch andere spezifische Merkmale für Favelas gibt und Einige im Zuge von Modernisierungskampangen und *Upgrading*-Projekten ihren illegalen Status verloren haben, was allerdings nicht bedeutet, dass sie mit normalen Wohnvierteln vergleichbar wären. Das brasilianische Bundesamt für Statistik und Geographie (IBGE) definierte die Favelas 1950 wie folgt:

- Mindestgröße von mehr als 50 Wohneinheiten
- Zumeist rustikaler Baustil, Blech- und Zinkplatten, Bretter u. a. als Baumaterial
- Bau ohne Genehmigung und ohne Kontrolle
- Völliges oder partielles Fehlen von Infrastruktur wie Wasser, Kanalisation und Strom
- Fehlen von Beschilderungen und Nummerierungen
  (Vgl. Dietz 1998 S. 96f; Pfeiffer 1987 S. 56)

Abbildung 1: Favela in Rio in typischer Hanglage

Quelle: eigene Aufnahme, September 2008

Diese Definition spielt also vor allem auf physische Aspekte der Favelas an. Allerdings besitzen aufgrund der angesprochenen Modernisierungsmaßnahmen nicht alle Kriterien Allgemeingültigkeit. Die Armut der ansässigen Bevölkerung wurde ebenfalls als Kriterium vorgeschlagen, jedoch gibt es auch in anderen Stadtvierteln arme Menschen und nicht jeder Favela-Bewohner lebt am Existenzminimum. Außerdem sind die Mieten in den Favelas in Rio teilweise so hoch, dass sich die ganz Armen eine Wohnung selbst in den schlechtesten Lagen nicht leisten können und auf der Straße leben. Das Ausmaß der Obdachlosigkeit in Rio hat heute enorme Größen angenommen. In Gesprächen mit Favela-Bewohnern habe ich im September 2008 erfahren, dass die durchschnittliche Miete für eine kleine Wohnung ungefähr 300 Reais beträgt, was in etwa der Kaufkraft von 300 Euro entspricht. Ein Busfahrer in Rio de Janeiro hat einen ungefähren Durchschnittslohn von 400 Reais im Monat. Um sich also eine Wohnung in einer Favela leisten zu können, müssen meist mehrere Familienmitglieder, die auf engstem Raum zusammen wohnen, einer regelmäßigen Arbeit nachgehen. Die *Favela*-Dimension erstreckt sich also auf drei Ebenen: der juristischen, der städtebaulichen und der ökonomischen. Außerdem lässt sich noch eine weitere Kategorie feststellen, die man nicht rein äußerlich erkennt: die soziale Dimension (Vgl. Pfeiffer 1987 S. 57f). Viele Favelas, vor allem die älteren, haben komplexe heterogene Strukturen, was sich auch gut an der unterschiedlichen Bausubstanz ablesen lässt (Vergleich dazu Abbildung 2 dieser Arbeit).

Weitere Aspekte der Favelas sind die Stigmatisierung der Bewohner und die Probleme, die sich aus der recht hohen Kriminalität vor allem im Bereich Drogenhandel ergeben (Vgl. ebd. S. 58f). Allerdings gibt es auch hier grundlegende Unterschiede. Während einige Favelas kaum höhere Kriminalitätsraten aufweisen als andere Wohnviertel, so gibt es auch Favelas wie die Rocinha, in der etwa 200.000 Menschen auf knapp einem Quadratkilometer wohnen[1], die die Polizei nur schwerbewaffnet und häufig auch nur durch die Spezialeinheiten der BOPE[2] betritt. Regelmäßig kommt es dabei zu Toten und Verletzten auf beiden Seiten. Außerdem breitet sich in den letzten Jahren eine Art Favela-Kultur auch in der brasilianischen Mittelschicht aus, die sich vor allem durch bestimmte Musik, dem sogenannten Baille-Funk und dazugehörigen Partys ausdrückt.

Eine allgemeingültige Definition von *Favela* kann also im Rahmen dieser Arbeit nicht gegeben werden, da diese Thematik zu komplex und vielschichtig ist. Favelas sind keine Slums, sondern sie lassen sich eher unter dem Begriff der *squatter settlements* fassen. Sie können sowohl legalen als auch illegalen Status haben, am Hang oder eben liegen, es kann rudimentäre Infrastruktur geben oder aber sie kann auch gänzlich fehlen. Es ist schwer den Begriff auf einen Nenner zu bringen, zumal ich in Gesprächen mit Favela-Bewohnern im September 2008 auch erfahren habe, dass sie selbst den Begriff Favela meiden und heute eher von *comunidade*, von Gemeinschaft, sprechen (Vgl. dazu auch Lanz 2007 S. 195). Vielleicht ist das ein entscheidender Aspekt zur Beschreibung von Favelas, dass bei allen Problemen der Zusammenhalt in diesen Vierteln relativ groß ist und die Bewohner sich zumindest partiell auf den Schutz der bis an die Zähne bewaffneten Drogendealer verlassen können, sofern sie ihnen nicht ins Geschäft pfuschen. Die Favelas können somit als Stadt in der Stadt bezeichnet werden. Der Staat hat sich aus diesen Gebieten zurückgezogen bzw. hat seine Aufgaben dort nie wahr genommen. Er kommt seinen ureigensten Kernaufgaben

---

[1] Die Einwohnerzahlen von Favelas, vor allem der Rocinha, sind sehr widersprüchlich. Während das IBGE für 1980 von einer Einwohnerzahl von etwa 33.000 ausging, reichten andere Schätzungen schon vor knapp 30 Jahren bis zu 200.000 (Vgl. Pfeiffer 1987 S. 61, Anmerkung 7).

[2] Diese Spezialeinheit der *Policia Militaria* von Rio de Janeiro wurde vor allem durch das 2006 publizierte Buch *Elite da Tropa* von Luiz Eduardo Soares und den im darauffolgenden Jahr erschienenen Film *Tropa de Elite*, der 2008 den Goldenen Bären gewann, bekannt.

wie Sicherheit, Infrastruktur und medizinischer Versorgung nicht oder nur unzureichend nach und lässt die Bewohner zurück, die sich dann in Eigenregie und mit der Unterstützung von NROs selbst helfen müssen (Vgl. dazu Dietz 2001, S. 16).

Abbildung 2: unterschiedliche Bausubstanz einer Favela in Rio

Quelle: eigene Aufnahme, September 2008

Im Jahr 1990 gab es in Rio etwa 545 Favelas. 1982 lag die offizielle Zahl noch bei 376. Heute geht man von etwa 700 Favelas im Stadtgebiet von Rio aus (Vgl. Pfeiffer 1987 S. 61; Lanz 2007 S. 191). Die Schätzungen, wie viele Menschen in Favelas oder vergleichbaren Wohnsiedlungen leben, gehen sehr weit auseinander und reichen von 12 % bis zu 70 % der Stadtbevölkerung. Nach Lanz (2007 S. 191) erscheint es realistisch, von etwa einem Drittel auszugehen.

Gegenwärtig ist die Entwicklung durch zwei Trends gekennzeichnet: zum Einen verdichten und konsolidieren sich die älteren Favelas in der städtischen Kernzone, zum Anderen entstehen neue Favelas an der städtischen Peripherie sowie vermehrt auch in Risikogebieten wie an Fernstraßen, entlang von Flüssen und Stromleitungen. Hier wird der letzte noch verbleibende Raum im dicht besiedelten städtischen Zentrum ausgenutzt (Vgl. Killisch/Dietz 2002 S. 48).

5.   Regieren in Favelas

Das Verhältnis der Regierung zu den Favelas und ihren Bewohnern war von jeher durch Ambivalenz geprägt. Die verschiedenen Regierungen wechselten zwischen Duldung, Repression, Vertreibung und autoritären Integrationsprogrammen. Staatliches Regierungshandeln beschränkte sich in der Regel darauf, schwerbewaffnet die Favelas zu stürmen, ihre Ansicht von Recht und Ordnung durchzusetzen und die Favelados anschließend wieder allein zu lassen. Mit der Zeit entwickelte sich so eine Koexistenz zwischen der offiziellen Stadt und den informellen Stadtvierteln, die es für die Bewohner nötig machte, selbst Formen zu finden, um ihre Gemeinschaften zu regieren (Vgl. Lanz 2007 S. 191). Im folgenden Kapitel werden Formen dieser Selbstregierung vorgestellt.

5. 1.   Klientelismus und Misstrauen gegen den Staat

Viele Favelados kamen aus dem landwirtschaftlich geprägten Norden oder dem brasilianischen Hinterland mit fast feudalistischen Strukturen nach Rio. Von Bürgerrechten hatten daher viele keinen blassen Schimmer. Der Staat begann in den 1930er Jahren, nachdem es erste Proteste der Bewohner gegen Umsiedlungs- und Umerziehungspläne der Regierung gab, sogenannte Bürgervereine zu initiieren, an deren Spitzen bezahlte Präsidenten standen, die sich selbst als *donos*, Besitzer, bezeichneten. Diese *donos* sorgten dafür, dass die ihnen „anvertrauten" Bewohner bei Wahlen ihr Kreuz an der richtigen Stelle machten und bekamen dafür Wahlgeschenke in Form materieller Leistungen zugesagt (Vgl. Lanz 2007 S. 195). Dieser Klientelismus besteht im Grunde noch bis heute, nur sind an die Stelle der bezahlten Präsidenten häufig Drogenbosse getreten, die sich ebenfalls als *donos* der Favela sehen und sich auch so verhalten. Durch diesen Austausch der Führungsriege gibt es heute allerdings kaum noch die Möglichkeit der offiziellen Zusammenarbeit. Vielmehr ist das Verhältnis von Staat und Drogenbanden derartig gestaltet, dass in den Medien häufig von Krieg gesprochen wird, wenn es zu Auseinandersetzungen zwischen Polizei bzw. BOPE und den Dealern kommt. Aber in einer Stadt, in der die Korruption noch viel alltäglicher als im restlichen Brasilien ist, bedarf es wohl keiner besonderen Erklärung, dass auch die Polizei und die Politiker an dem Geschäft mitverdienen. Die Drogenökonomie beherrscht heute das Leben in den Favelas so stark, dass dort zwischen 1987 und 2000 mehr Jugendliche ums Leben kamen, als in den Kriegen Kolumbiens, Jugoslawiens, Afghanistans, Israel/Palästinas und Sierra Leones zusammen, nämlich ca. 4000 (Vgl. Ramonet 2002 S. 1).

Dass die Favelados ein besonders ausgeprägtes Misstrauen gegenüber dem Staat haben, lässt sich zum Einen durch das Fehlen staatlicher Institutionen und das martialische Auftreten der Staatsgewalt in den Favelas erklären. Zum Anderen hat es aber auch historische Gründe. Die 20-jährige Militärdiktatur von Mitte der 1960er bis in die 1980er Jahre sah in den Favelas Krebsgeschwüre im städtischen Organismus und versuchte daher sie aus dem Stadtbild zu verbannen. Durch die Zerstörung der Favelas und die Umsiedlungsmaßnahmen produzierte das Regime so aus Sicht der Bewohner eine *„strukturelle Illegalität des Staates, die noch heute die Gewalt in den Favelas nährt"* (Zit. Lanz 2007 S. 195). Die verschärften Repressionen führten dazu, dass die Favelados noch mehr als zuvor in den klientelistischen Formen Schutz suchen mussten, die jetzt allerdings von schwerbewaffneten Drogenbanden mit paramilitärischen Strukturen beherrscht wurden (Vgl. ebd.).

5. 2.   Regieren durch Community

Vor allem durch Nachbarschaftshilfe ist es vielen Favelas gelungen, trotz der Vernachlässigung durch städtische Behörden einen Aufwertungsprozess zu durchlaufen, der dazu geführt hat, dass sich einige Favela heute rein äußerlich kaum noch von formellen Unterschichtenvierteln unterscheiden. Die Versorgungen mit überlebenswichtigen Dienstleistungen und Versorgungseinrichtungen ist dort dennoch prekär (Vgl. Dietz 2001 S. 16). Aktuelle staatliche Programme wie das weiter unten vorgestellte Favela-Bairro-Programm bauen wesentlich auf das Selbsthilfe-Konzept auf, von dem bereits die Rede war. Rose (2000 S. 80f) bezeichnet die Aktivierung von bestehenden Loyalitätsbeziehungen in Nachbarschaft, Subkulturen, Verwandtschaftsbeziehungen und religiösen Gemeinschaften als Regieren durch Community. Der Staat verlagert seine Verantwortung zu den Individuen und zieht sich aus seinen Kernaufgaben zurück. Die Einbindung der immer noch bestehenden Bürgervereine und der in den Favelas zahlreich aktiven NROs kennzeichnet die Politik der Regierung gegenüber den Favelados seit den 1990er Jahren. Die Regierung schließt Verträge mit den NROs ab, die dann die sozialen Dienstleistungen erbringen, die der Staat nicht fähig und nicht willens ist zu leisten. Die Dichte der Selbsthilfegruppen, Bürgervereine und NROs überragt heute die in der formellen Stadt (Vgl. Lanz 2007 S. 197).

Die ursprünglich gute Idee, dass durch Partizipation der Bewohner eher etwas an den Verhältnissen in den Elendsvierteln getan werden kann, artete allerdings in dem Maße aus, in dem immer mehr und vor allem von außerhalb kommende Organisationen und Vereine in den Favelas aktiv wurden. So entstand ein Konkurrenzkampf um die zu akquirierenden öffentlichen Mittel. Je mehr Gelder eine Organisation werben konnte, desto mächtiger wurde sie. Es entstanden in der Folge riesige Apparate mit eigener Bürokratie, die die Korruption förderten und dazu führten, dass die Gelder nicht mehr für ihren eigentlichen Zweck genutzt werden konnten. Diese *„scheinbare Freiheit des Selbstregierens"* (Zit. Lanz 2007 S. 197) als eine Form des *Governance* führt also nicht zwangsläufig zu einer Verbesserung der Lage, sondern dient häufig der Durchsetzung von Interessen der Privatwirtschaft, die durch Kooperation mit den NROs versuchen, Einfluss auf die Entwicklung in den Favelas zu gewinnen.

6.   Das Favela-Bairro-Programm

Seit den 1980er Jahren wurden von der Stadtverwaltung immer wieder Sanierungsprogramme für die Favelas aufgelegt mit dem Ziel, sie in *bairros*, in reguläre Wohnviertel, zu verwandeln und sie durch die Aufwertung städtebaulich und sozial in die formelle Stadt zu integrieren. Seit 1994 läuft das bis dahin umfangreichste Programm zur Aufwertung der Marginalsiedlungen, das Favela-Bairro-Programm, welches den Fokus auf Favelas mittlerer Größe mit 500 bis 2500 Einwohnern legt. Das Projekt startete in 15 kleineren Favelas im Norden Rios und wurde durch städtische Mittel finanziert. Da die Stadtverwaltung jedoch Defizite an geeignetem Personal aufwies, wurden die Planung und die Durchführung des Projekts an private Architekturbüros übertragen. Nachdem das Pilotprojekt im Sinne der Stadt gut angelaufen war, wurde ab 1995 die Sanierung von weiteren 50 Favelas betrieben. Seit März 2000 läuft die zweite Programmphase (Favela-Bairro II), die mit weit mehr finanziellen Mitteln ausgestattet ist. Die Maßnahmen in den Favelas konzentrieren sich vor allem auf den Ausbau der technischen und sozialen Infrastruktur, der Stabilisierung von einsturzgefährdeten Hängen und Hütten, der Sanierung des Wegenetzes und den Ausbau der Kanalisation, sowie Müllbeseitigung, Straßenreinigung und öffentliche Beleuchtung. Seit dem zweiten Programmstart stehen vor allem auch Einkommensbeschaffung für die Bewohner, die Errichtung von Sport- und Freizeitstätten und Kindergärten im Vordergrund. Außerdem wird verstärkt Wert auf Ausbildung, Alphabetisierungskurse und Drogenprävention gelegt. Bis 2001 wurden laut Dietz 158 Favelas mit etwa 600.000 Menschen erreicht, 2002 spricht er allerdings von 376.000, Blum und Neitzke sprechen 2004 von knapp 500.000 Nutznießern in 141 Favelas[3] (Vgl. Dietz 2001 S. 17; 2002 S. 49f; Blum/ Neitzke 2004 S. 65f).

6. 1.   Das Bauhaus Dessau in der Jacarezinho[4]

Im Rahmen des Favela-Bairro-Programms wurde auch das Bauhaus Dessau eingeladen, mit an der Sanierung der Favela Jacarezinho, der zweitgrößten Favela von Rio mit ca. 58.000 Einwohnern, zu arbeiten. In dem etwa 35 ha großen Gebiet stehen jedem Einwohner im Durchschnitt etwa 6 m^2 Grundfläche zur Verfügung. Kern des Projektes ist eine urbane Zelle, *celula urbana,* in welchem Lösungen zur städtebaulichen und sozialen Aufwertung der Favela vorgeschlagen und diskutiert werden sollen. Das Projekt der *celula urbana* verfolgt dabei das Konzept, dass die räumlich-sozialen Strukturen und die Architektur der Favelas als entwicklungsfähig anerkannt werden und als Grundlage für weitere Eingriffe in die räumlich-soziale Struktur dieses Viertels dienen. Mittelpunkt des Projektes ist ein viergeschossiges Medienzentrum, das neben einer Medienschule ein Internetcafé und ein Projektinformationszentrum beherbergt. Durch Interaktion mit der Bevölkerung soll das Sanierungsprojekt nachhaltig wirken und die Eigeninitiative der Favelados fördern, um so das Viertel zu entstigmatisieren. Nach vier Jahren Planung und Durchführung des Projektes wurde die *celula urbana* 2004 den Bewohnern übergeben.

Trotz des Versuchs der architektonischen Integration in die Favela wirkt der Bau wie ein Fremdkörper innerhalb des Viertels (Vergleich Abbildung 4). Bedenkt man die lange Planungs- und Bautätigkeit und den hohen Kostenaufwand[5], so muss man nach der Durchsetzbarkeit solch eines Programmes für alle Favelas fragen. Solch ein Medienzentrum hat sicherlich einige Vorteile, so die Möglichkeit der Information und der Schulung der Bewohner. Ob es aber dazu taugt, den Favelados langfristig zu helfen ihre Situation zu verändern, muss sich erst noch zeigen. Der Aufwand jedoch, der für einen einzelnen Block betrieben wurde, lässt mich an einer flächendeckenden Lösung in diesem Sinne zweifeln.

---

[3] Auch hier wird wieder deutlich, dass man mit Angaben zu der Anzahl der Favelas und der in ihnen lebenden Menschen vorsichtig sein muss.

[4] Informationen zum Projekt auf: http://www.bauhaus-dessau.de/index.php?rio_de_janeiro, speziell dann die dort zur Verfügung stehende .pdf-file Projektinformationen.

[5] Das Bauhaus Dessau hat sich zwar nicht konkret zu den Kosten der *celula urbana* geäußert, allerdings lassen die Struktur des Gebäudes, die verwendeten Materialien und die technische Ausstattung darauf schließen, dass die Kosten recht hochgewesen sein müssen.

Abbildung 3: *celula urbana* in der Jacarezinho

Quelle: Projektinformationen, S. 73, online unter: http://www.bauhaus-dessau.de/index.php?rio_de_janeiro

6. 2.   Bewertung des Favela-Bairro-Programms

Konzeptionell und in seiner Reichweite hebt sich das Favela-Bairro-Programm von den vorherrschenden punktuell konzipierten Programmen zur Aufwertung von Marginalsiedlungen ab. Dass bisher, je nach Datenlage, etwa eine halbe Million Menschen erreicht werden konnten, ist daher als Erfolg zu werten. Vor allem der Ansatz, nicht nur die Infrastruktur und die bauliche Substanz in den Marginalsiedlungen zu verbessern, sondern auch Programme zu entwickeln, die etwas an der sozialen und beruflichen Situation der Favelados ändern können, erscheinen als besonders positiv und nachhaltig.

Allerdings hat das Projekt auch mit einer Reihe von Schwächen zu kämpfen. Vor allem im ersten Anlauf wurde die Einbeziehung der Bewohner eher stiefmütterlich gehandhabt, da die privaten Architekturbüros damit keine Erfahrung hatten. Im zweiten Projektteil hat sich dies jedoch verbessert. Auch die Drogenökonomie ist ein Faktor, der durch das Programm kaum beeinflussbar ist. Solange aber diese Viertel von Drogenbanden dominiert werden, ist an eine tatsächliche Änderung der Lebensverhältnisse nur schwerlich zu denken (Vgl. Dietz 2002, S. 50).

Da die Legalisierung des Grundbesitzes ein langwieriger und komplizierter Prozess ist, wurde dieser Punkt vorerst aus dem Programm ausgeklammert. Durch die Sanierungsmaßnahmen stiegen die Immobilienpreise in den Favelas jedoch enorm, so dass dieser Punkt in der zweiten Programmphase angegangen wurde. Wenn der Boden, auf dem die Favelas errichtet wurden, der Allgemeinheit gehört, kann die Stadt diesen relativ unkompliziert den Bewohnern zum Gebrauch übertragen. Ist das Land in Privatbesitz müssen die Bewohner aber beweisen, dass sie einen Rechtsanspruch auf dieses Land haben. Dazu müssen sie nachweisen, dass sie das Land (höchstens 250 m^2) seit mindestens fünf Jahren ununterbrochen und unbestritten in Besitz haben (Blum/Neitzke 2004 S. 29f). Häufig scheitert daran die Übertragung des Benutzungs- oder gar des Eigentumsrechtes. Viele Favelados können kaum oder gar nicht lesen, haben nicht die Zeit und die finanziellen Möglichkeiten, den Beweis zu führen oder aber ihre Situation entspricht eben nicht den geforderten Standards. Somit stellt sich die Frage, ob das Favela-Bairro-Programm tatsächlich den Favelados hilft oder ob es nicht vielmehr den Interessen von Wohnungsmarktspekulanten dient, die auf eine Wertsteigerung der Immobilien hoffen. Es gibt sicherlich eine Reihe von positiven Effekten, die das Programm bis jetzt ausstrahlt. Gleichzeitig treten aber auch immer wieder mannigfaltige Probleme auf. Der positiven Einschätzung bei Dietz und Blum/Neitzke zu diesem Programm sollte dieser Aspekt unbedingt hinzugefügt werden.

7. Das KIBRA-Projekt[6]

Das KIBRA-Projekt wurde 2007 von dem Karlsruher Zahnarzt Dr. Norbert Lehmann ins Leben gerufen. KIBRA steht dabei für Kinderzahnhilfe Brasilien. Das Projekt dient dazu, Kindern und Jugendlichen aus Favelas eine zahnärztliche Versorgung zuteil werden zu lassen. Neben dem Initiator Dr. Lehmann gehören dem Projekt weitere Privatpersonen an, die aus den unterschiedlichsten Berufen kommen und ehrenamtlich für KIBRA arbeiten. Das als gemeinnütziger Verein in Deutschland eingetragene Projekt finanziert sich zum Einen aus Mitgliedsbeiträgen, die 50 € pro Jahr betragen, zum Anderen aus Spenden. Um Verwaltungskosten zu sparen und so die Spenden zu 100 % verwenden zu können, wird das Spendenkonto von der Egidius Braun Stiftung des Deutschen Fußballbundes verwaltet.

---

[6] Informationen zum Projekt sind auf http://www.kibra.org nachzulesen.

7. 1.   Die KIBRA-Methode

Neben der zahnärztlichen Behandlung steht bei KIBRA vor allem die Prophylaxe im Vordergrund. Entscheidend dabei ist die Einbindung der Mütter in das Projekt. KIBRA bildet dazu vor Ort Frauen zu Prophylaxeassistenten aus, die selbst aus der betroffenen Favela stammen. Die Ausbildung erfolgt direkt durch Dr. Lehmann oder durch brasilianische Zahnärzte, die größtenteils ebenfalls ehrenamtlich für das Projekt arbeiten. Anschließend werden 5 Mütter aus der Favela zu einem Team zusammengefasst. Jede Mutter hat dann 15 – 20 Kinder zur Betreuung und muss dafür Sorge tragen, dass die ihr zugeteilten Kinder regelmäßig zu den Prophylaxeuntersuchungen erscheinen, die von den zuvor ausgebildeten Assistenten regelmäßig anberaumt werden. Dieser Ansatz hat sich bewährt, da es in den Favelas weder Straßennamen noch Hausnummern gibt. Die Mütter dienen also als Kommunikationsknotenpunkte. Bei den Prophylaxeuntersuchungen geht es vor allem um Putztraining, Hygieneunterricht, Fluoridierung, Plaquekontrolle und Zahnbürstenwechsel (Siehe dazu Abbildung 3 dieser Arbeit).

Abbildung 4: Dr. Lehmann mit Kindern beim Zahnputztraining

Quelle: http://www.zm-online.de/m5a.htm?/zm/13_08/pages2/int2.htm

KIBRA stellt dazu zahnärztliches Gerät und Instrumente bereit, versorgt die Kindern mit Zahnbürsten und Zahnpasta und übernimmt gegebenenfalls Gehälter von Helferinnen und Zahnärzten vor Ort.

Anhand einer Datenbank können dann die Zahnärzte verfolgen, wer eine Untersuchung versäumt hat. Dann ist es Aufgabe der zugeteilten Mutter, dass dieser Termin nachgeholt wird. Diese Technik erlaubt darüber hinaus eine effektive Kontrolle der Maßnahmen und die Überprüfung ihrer Effektivität, so dass gegebenenfalls auch Schwachstellen ausgebessert werden können. Außerdem lassen sich sehr gut Vergleiche mit anderen Projekten machen, da diese Datenbank auf Grundlage internationaler zahnmedizinischer Standards arbeitet.

7. 2.   Das Projekt in der Rocinha

In der Rocinha, als eine der gefährlichsten und größten Favelas Brasiliens verschrieen, startete das Pilotprojekt von KIBRA im Februar 2008. KIBRA arbeitet dabei mit der ansässigen Sozialstation, die in der Rocinha seit 30 Jahren aktiv ist, und sozial engagierten Zahnärzten aus Rio zusammen. Derzeit arbeiten 4 Zahnärzte ehrenamtlich für das Projekt in der Rocinha.

Als Identifikation für die Druglords mussten die Projektbetreuer blaue T-Shirts tragen, damit es nicht zu „Verwechslungen" und damit einhergehend zu „Unfällen" kommt. Dr. Lehmann untersuchte in der Rocinha 30 vier- bis sechsjährige Kinder, die allesamt hohen Kariesbefall hatten.

Geplant ist, dass die Rocinha nach etwa drei Jahren das Projekt selbstständig fortführen kann. Um die zahnmedizinische Versorgung ab 2011 sicherzustellen, wird von jedem beteiligten Kind ein Reais pro Monat erhoben. Nach Berechnungen von Dr. Lehmann könnten damit 5000 Kinder einen Zahnarzt und eine Prophylaxehelferin finanzieren (Vgl. ZM 13/98, S. 84).

7. 3.   Das Projekt in Santa Teresa

Einer der reizvollsten und schönsten Stadtteile von Rio de Janeiro ist das Künstlerviertel Santa Teresa, welches auf einem kleinen Hügel gelegen ist. Aufgrund der Hügellage ist es auch keine Überraschung, dass es in diesem Stadtviertel mehrere Favelas gibt: die Morro dos Prazeres, die Fogueteiro, die Coroa und Villa Santo Amaro. Dort leben etwa 50.000 Menschen auf engstem Raum und unter katastrophalen hygienischen Bedingungen. Die meisten Kinder dort sind schlecht und einseitig ernährt und leiden häufig unter Mangelerscheinungen und Krankheiten.

KIBRA begann ebenfalls im Februar 2008, sich dort zu engagieren. Anfangs wurden 30 Kinder in ein Pilotprogramm aufgenommen, welches ab Juli 2008 auf 1500 Kinder ausgedehnt wurde. Ziel ist es auch hier, in den Favelas eine Zahnstation aufzubauen, um eine medizinische Versorgung der Bevölkerung zu gewährleisten.

7. 4. Bewertung des Projekts

Das KIBRA-Projekt versucht genau den Beitrag in der zahnmedizinischen Versorgung zu leisten, den der brasilianische Staat nicht fähig und nicht willens ist zu leisten. In einem Land, in welchem wie in kaum einem anderen die Menschen wert legen auf ein strahlendes weißes Lächeln, in dem man ständig Menschen auf öffentlichen Toiletten sich die Zähne putzen sieht, vernachlässigt der Staat hier die Bewohner der Favelas, in dem er ihnen nicht die minimalste medizinische Versorgung zuteil werden lässt.

Somit sind die Bewohner angewiesen auf Projekte wie KIBRA, die durch private Initiativen und mit Hilfe von ortsansässigen Zahnärzten diesen Mangel versuchen zu bekämpfen. Aber in Anbetracht der großen Masse an Favelados kann auch dieses Projekt nur ein Tropfen auf dem heißen Stein sein. Eine Rundumversorgung der Bevölkerung oder zumindest doch eine partielle zahnmedizinische Betreuung kann auch KIBRA nicht leisten. Dieses Projekt ist geradezu ein Paradebeispiel für den hier vorgestellten *Governance*-Ansatz. Es muss im Kleinen laboriert werden, ohne Grundsätzliches an der Situation ändern zu können. Die zahnärztliche Versorgung ist hier auch nur als Exempel zu verstehen. Andere medizinische Grundversorgung wird den Favelados ebenfalls nicht zuteil und muss durch ähnliche Projekte zumindest für einen kleinen Teil sichergestellt werden. Allerdings erscheint mir der Ansatz, durch einen kleinen monatlichen Beitrag das Projekt auf eigene Füße zu stellen und die Finanzierung aus sich selbst heraus sicher zu stellen, durchaus plausibel. So kann zumindest für die Jüngsten eine Versorgung sicher gestellt werden und ein Bewusstsein für die Notwendig von Zahnpflege geschaffen werden, von dem auch die älteren Favelados profitieren können.

8.   Zusammenfassung

Der *Governance*-Ansatz im Sinne der Hilfe zur Selbsthilfe eignet sich im besonderen Maße zur Analyse der Strukturen in den Favelas von Rio de Janeiro. Der brasilianische Staat hat lange Zeit inadäquat auf die Herausforderung durch die Marginalsiedlungen mit Repression und Vertreibung reagiert. Seit den 1990er Jahren setzte hier ein Umdenken ein, dessen deutlichstes Zeichen das Favela-Bairro-Programm ist. Vor allem in der zweiten Programmphase ist man dazu übergegangen, nachhaltige Strukturen zu schaffen, die eine Entwicklung fördern können. Gleichzeitig sind die Lebensverhältnisse in den Favelas aber immer noch prekär und werden es auch in Zukunft bleiben, so lange nicht ein Mittel gegen die in den Favelas vorherrschende Drogenökonomie gefunden werden kann.

Die Übertragung von Staatsaufgaben an private Akteure, wie etwa Stadtplanung, Ver- und Entsorgung und Infrastrukturausbau mag für die brasilianische Regierung der bequemere Weg und auch im Sinne des *Governance*-Verständnisses sein. Allerdings erscheint es mir so, dass dieses Konzept dabei mehr als Rettungsweg für die Regierung, denn als Lösungsstrategie für die Favelados gedacht ist. Natürlich ist es sinnvoll, die Bewohner und private Akteure von außerhalb in den Entwicklungsprozess mit einzubeziehen. Allerdings darf dieses Konzept auch nicht als Persilschein dafür herhalten, dass sich der Staat aus seinen ureigensten Aufgaben zurückzieht.

Solange eine Versorgung der Bewohner durch den Staat ausbleibt, bleiben die Favelados auf Projekte wie KIBRA angewiesen, die zumindest rudimentär eine medizinische Grundversorgung versuchen aufzubauen. Bei der Masse der Menschen, die in diesen informellen Siedlungen, nicht nur in Rio de Janeiro, sondern im ganzen Land, auf dem ganzen Kontinent und auch weltweit in schwach entwickelten Ländern leben, kann dies aber nicht der Königsweg sein. Natürlich ist es positiv zu bewerten, wenn Akteure aus Industriestaaten private Mittel und ihre Zeit dafür einsetzen, um diesen Menschen zu helfen. Allerdings darf durch solche Projekte nicht der Eindruck entstehen, die Probleme in den Favelas und in anderen *squatter settlements* lassen sich so von außerhalb lösen. Die betreffenden Regierungen müssen ihre Verantwortung auch für diese Bürger erkennen und Investitionen, wie sie teilweise mit dem Favela-Bairro-Programm begonnen wurden, tätigen. Das negative Image des Staates lässt sich nicht durch Projekte von außen abschaffen, sondern kann nur durch gutes Regieren aufpoliert werden.

9.   Literaturverzeichnis

Barreto, Wanderlei de Paula (1981): Die Rechtsstellung der Slumbewohner Brasiliens im sozialen Miet- und Wohnrecht. Aspekte des sozialen Miet- und Wohnrechts in Brasilien im Vergleich mit dem deutschen Recht am Beispiel der Elendsviertelbewohner (favelados), Diss., Mettingen.

Bauhaus Dessau, Modellprojekt *celula urbana*, http://www.bauhaus-dessau.de/index.php?rio_de_janeiro

Coly, Annette / Elke Breckner (2004): Dezentralisierung und Stärkung kommunaler Selbsverwaltung zur Förderung von Good Governance, in: APUZ 15-16/2004, S. 3 – 11.

Cramer, Cathy / Stefan Schmitz (2004): "Die Welt will Stadt" – Entwicklungszusammenarbeit für das „Urbane Jahrtausend", in: APUZ 15-16/2004, S. 12 – 20.

Davis, Mike (2007): Planet der Slums, Berlin – Hamburg.

Dietz, Jürgen (1998): Stadtentwicklung, Wohnungsnot und Selbsthilfe in Rio de Janeiro. Bewertung und Evaluierung von Favela-Programmen und –Projekten, Diss., Erlangen.

Ders. (2001): Aufwertung ganzer Stadtteile. Favela-Sanierung in Rio de Janeiro: Erfolge des Programms „Favela-Bairro", in Topicos 3/2001, S. 16f, online unter: http://www.topicos.net/fileadmin/pdf/2001/3/Favela_Sanierung.pdf

Killisch, Winfried / Jürgen Dietz (2002): Sanierung von Favelas in Rio de Janeiro. Bessere Lebensbedingungen in städtischen Marginalsiedlungen, in: Geographische Rundschau 3/2002, S. 47 – 50.

Lanz, Stephan (2007): Favelas regieren. Zum Verhältnis zwischen Lokalstaat, Drogenkomplex und Favela in Rio de Janeiro, in: Zeitschrift für Wirtschaftsgeographie 3-4/2007, S. 191 – 205.

Mayntz, Renate (2004): Governance Theory als fortentwickelte Steuerungstheorie, in: MPIfG 1/2004, online unter: http://www.mpifg.de/pu/workpap/wp04-1/wp04-1.html

Pfeiffer, Peter (1987): Urbanização sim, remoção nunca! Politische, sozio-ökonomische und urbanistische Aspekte der Favelas und ihre soziale Organisation in Rio de Janeiro: Entwicklung – Tendenzen – Perspektiven, Diss., Berlin.

Projekt Kibra – Kinderzahnhilfe Brasilien http://www.kibra.org

Ramonet, Ignazio (2002): Revolutionäre Zyklen, in: Le Monde Diplomatique S. 1, taz vom 15.11.2002.

Rose, Nikolas (2000): Tod des Sozialen? Eine Neubestimmung der Grenzen des Regierens, in: Gouvernementalität der Gegenwart. Studien zur Ökonomisierung des Sozialen, hg. v. Ulrich Bröckling, Susanne Krasmann und Thomas Lemke, Frankfurt/M., S. 72 – 109.

Soares, Luiz Eduardo (2006): Elite da Tropa, Rio de Janeiro.

Zahnärztliche Mitteilungen 98, 13/08, S. 84f, online unter: http://www.zm-online.de/m5a.htm?/zm/13_08/pages2/int2.htm

(Alle Internetseiten wurden zuletzt aufgerufen am 26.11.2008.)